Amna Ziauddin
Saad Ur Rehman Faiz

UAV pour la détection des mines

Amna Ziauddin
Saad Ur Rehman Faiz

UAV pour la détection des mines

ScienciaScripts

Imprint

Any brand names and product names mentioned in this book are subject to trademark, brand or patent protection and are trademarks or registered trademarks of their respective holders. The use of brand names, product names, common names, trade names, product descriptions etc. even without a particular marking in this work is in no way to be construed to mean that such names may be regarded as unrestricted in respect of trademark and brand protection legislation and could thus be used by anyone.

Cover image: www.ingimage.com

This book is a translation from the original published under ISBN 978-3-659-86171-0.

Publisher:
Sciencia Scripts
is a trademark of
Dodo Books Indian Ocean Ltd. and OmniScriptum S.R.L publishing group

120 High Road, East Finchley, London, N2 9ED, United Kingdom
Str. Armeneasca 28/1, office 1, Chisinau MD-2012, Republic of Moldova, Europe

ISBN: 978-620-8-34580-8

Copyright © Amna Ziauddin, Saad Ur Rehman Faiz
Copyright © 2024 Dodo Books Indian Ocean Ltd. and OmniScriptum S.R.L publishing group

TABLE DES MATIÈRES

RÉSUMÉ 2

DÉDICTIONS 3

REMERCIEMENTS 4

CHAPITRE 1 5

CHAPITRE 2 10

CHAPITRE 3 37

CHAPITRE 4 43

CHAPITRE 5 45

CHAPITRE 6 46

CHAPITRE 7 49

CHAPITRE 8 55

Références 57

Annexe A 59

RÉSUMÉ

L'un des meilleurs moyens d'assurer la sécurité, en particulier contre les matières explosives telles que les mines ou les EEI, est de maintenir une distance de sécurité. Cet article présente le concept du détecteur de mines métalliques monté sur un quadricoptère, qui est utilisé comme UAV (Unmanned Aerial Vehicle). Le projet permet à une personne de détecter et de faire exploser/marquer des matières dangereuses à une distance de sécurité. Une petite caméra sans fil, montée sur le drone, est utilisée pour la reconnaissance vidéo de la zone environnante. Le projet comprenait la conception du drone et du détecteur de métaux, ainsi que leur mise en œuvre, et s'est achevé par le vol d'essai du module quadricoptère terminé.

DÉDICTIONS

DÉDIÉ À NOS PARENTS BIEN-AIMÉS DONT LES PRIÈRES CONSTANTES ET L'APPRÉCIATION ONT ÉTÉ POUR NOUS UNE SOURCE D'ENCOURAGEMENT TOUT AU LONG DE NOTRE PARCOURS.

REMERCIEMENTS

Nous exprimons notre plus sincère gratitude à tous ceux qui nous ont aidés à mener à bien notre projet. Adil Masood Siddiqui qui, par ses conseils et son soutien, nous a aidés et guidés à chaque étape de notre projet et nous a permis de rester en phase avec l'objectif de notre projet. Nous tenons également à remercier Brig. Mauzzam, dont l'aide et le soutien nous ont permis de franchir certaines étapes très difficiles de notre projet.

CHAPITRE 1

Introduction

Les mines terrestres et les engins explosifs improvisés ont été déployés en temps de guerre à des fins de sécurité et de défense contre l'ennemi. Mais longtemps après la fin des guerres, les explosifs subsistent et menacent la sécurité des personnes, non seulement des démineurs, mais aussi des civils vivant dans les zones avoisinantes.

Il y a près de 84 pays dans le monde où les mines terrestres posent des problèmes. Sur ces 84 pays, 58 ont fait état de victimes en 2004.

Pays du monde entier confrontés au problème des mines antipersonnel

Les observateurs des mines terrestres estiment qu'il y a actuellement 200 à 215 millions de mines antipersonnel stockées, dont le déminage prendrait des siècles, et que leur nombre augmente chaque année, le rythme de pose de nouvelles mines dépassant celui du déminage.

L'utilisation de mines terrestres et d'engins explosifs improvisés (EEI) par les organisations terroristes s'est considérablement accrue au cours de la dernière décennie. Les mines terrestres et les EEI sont des méthodes faciles à fabriquer, peu coûteuses et sans risque pour les terroristes. C'est pourquoi elles sont devenues l'une des techniques les plus couramment utilisées par les terroristes dans le monde entier et ont fait plus de victimes parmi les forces de sécurité que lors de véritables combats à l'arme à feu.

Mines terrestres et engins explosifs improvisés

1.1 Problèmes rencontrés

L'enlèvement de ces mines terrestres et d'autres matériaux explosifs tels que les EEI n'est pas seulement un processus long et fastidieux, mais il est également risqué, car une seule fausse détection peut entraîner la mort d'une personne. Bien que des millions de mines et d'engins explosifs improvisés aient été enlevés, des millions d'autres restent enfouis dans les zones de conflit, blessant ou tuant entre 15 000 et 20 000 personnes chaque année.

Les mines terrestres menacent des vies humaines

En comparaison, les mines terrestres font plus de victimes chaque année que le terrorisme. D'après les statistiques, il y a environ une victime pour 1 000 à 2 000 mines déminées.

Détection des mines

1.2 Exigences :

La situation exige un système de déminage meilleur et plus efficace, qui puisse assurer la sécurité de la personne chargée du déminage et des autres explosifs, car dans 72 % des cas, les accidents sont dus à une mauvaise détection des explosifs, plutôt qu'à une faute de la personne qui les détecte.

1.3 Concept :

Le projet présente le concept d'un système sûr et autonome de détection des mines qui contribuera à réduire le nombre de victimes, car il permettra à la personne de rechercher des mines et d'autres explosifs sans avoir à se rendre dans la zone dangereuse.

Le quadricoptère est télécommandé et peut facilement survoler le champ de mines. La bobine du détecteur de métaux suspendue à environ 3 pieds sous le quadricoptère - à l'aide de tiges en plastique - est utilisée pour détecter les mines métalliques qui ont été déposées. Lorsqu'une mine métallique est détectée, un signal est envoyé au récepteur via le canal VHF utilisé pour contrôler l'UAV. Ce signal déclenche une LED et un buzzer qui informent le démineur de la détection d'une mine.

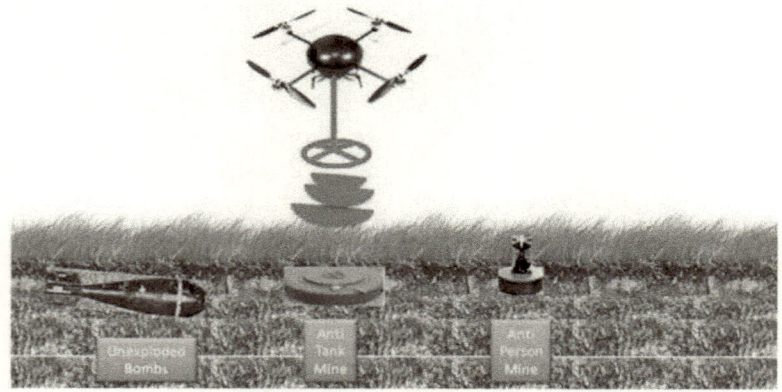

Scénario de détection de mines à l'aide d'un drone

1.4 Pourquoi un drone ?

Auparavant, des travaux avaient été réalisés sur la mise en œuvre d'un détecteur de mines sur les UGV (véhicules terrestres sans pilote). Bien que les UGV soient plus stables que les UAV et qu'ils soient capables de soulever plus de poids, le principal inconvénient des UGV est que, comme ils sont en contact avec le sol, le fait de passer au-dessus d'un champ de mines peut déclencher une mine, entraînant la destruction de l'équipement coûteux. De plus, les engins explosifs actuels ont des sortes de moustaches qui ne nécessitent pas un poids important pour se déclencher, mais qui peuvent exploser à la moindre irritation des moustaches. Les drones - bien qu'ils ne soient pas capables de soulever des poids importants - ont l'avantage de ne jamais entrer en contact avec le sol. Ainsi, non seulement la vie du démineur est à l'abri du danger, mais le drone a également peu de risques d'être détruit.

1.5 Structure

Le projet utilise un quadricoptère comme drone qui transporte un détecteur de métaux comme charge utile. La structure globale du drone Ababeel peut être résumée comme suit :

1. Le quadricoptère comme drone.
2. Le détecteur de métaux utilisé pour fournir le concept des détecteurs de mines.
3. La nacelle qui peut s'étendre pour déployer la bobine.
4. La caméra sans fil utilisée pour la reconnaissance vidéo.
5. Trappe électronique pour le marquage/détonation des explosifs

En outre, un contrôleur R/C est utilisé pour contrôler le vol de l'UAV.

CHAPITRE 2

Le quadcoptère

2.1 Qu'est-ce qu'un quadcoptère ?

Le quadricoptère est un aéronef hélicoïdal comme un hélicoptère avec six degrés de liberté.

Il se soulève et se propulse à l'aide de quatre rotors. Le contrôle et la manœuvrabilité sont obtenus en modifiant relativement la vitesse des quatre rotors. Les rotors sont placés à égale distance du centre. Le quadricoptère a un corps en forme de plus ou de X qui ressemble à deux barres placées à angle droit l'une par rapport à l'autre. Un moteur est placé à chaque extrémité de la barre.

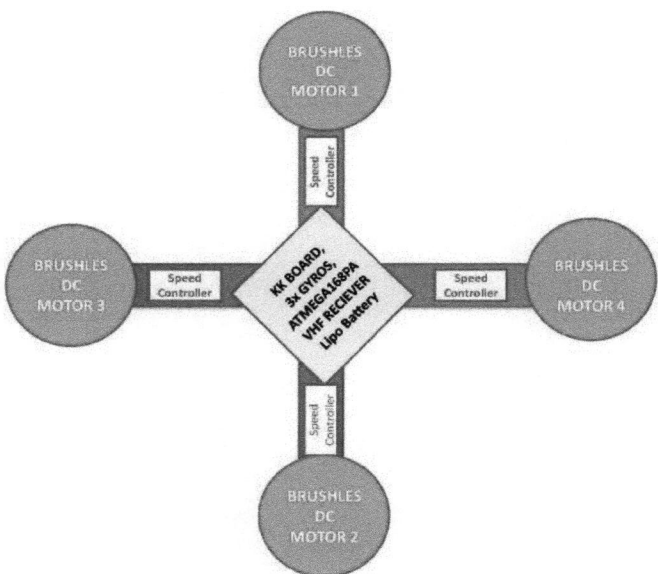

Structure de base d'un quadcoptère

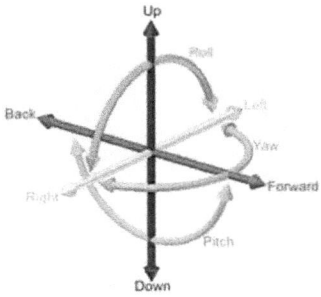

Six degrés de liberté

2.2 Pourquoi un quadcoptère ?

Il existe différents types de drones qui pourraient être utilisés pour la détection des mines, contrairement au quadricoptère que nous avons utilisé dans notre projet, tels que les aéroglisseurs, les avions à main, les petits hélicoptères, mais ils ont tous leurs inconvénients, par exemple, les aéroglisseurs génèrent une poussée près du sol pour produire suffisamment de portance pour rester en vol stationnaire. Cette poussée, sur un champ de mines, produira une pression sur la mine, ce qui la fera exploser. Les avions portatifs, bien que légers et stables, ne sont pas capables de rester en vol stationnaire. Ils survoleront rapidement le champ de mines, ce qui ne laissera pas le temps au détecteur de mines de détecter quoi que ce soit. Les hélicoptères sont des structures très instables. Le moindre souffle de vent le fait voler. En outre, il est difficile de le faire planer près du sol, car il dérive, et comme ils ne sont pas très faciles à manœuvrer, les hélicoptères sont pratiquement impraticables pour la détection des mines.

Les raisons pour lesquelles nous avons choisi le quadricoptère comme plateforme pour transporter notre détecteur de mines sont les suivantes :

1. Il s'agit d'une structure beaucoup plus stable que n'importe quel autre type de drone.

2. La conception d'un quadricoptère lui confère une plus grande maniabilité que n'importe

quel autre type de drone.

3. Il est moins cher que d'autres types de drones tels que les hélicoptères.

4. Ne dérive pas.

5. Peut facilement se stabiliser (grâce aux gyroscopes embarqués) en cas de perturbation par le vent ou tout autre objet.

6. Les 4 moteurs répartissent le poids et donc la poussée entre les moteurs, ce qui n'exerce pas une trop grande pression sur le sol.

7. À faible hauteur, il reste très stable et permet de faire du vol stationnaire et d'autres manœuvres près du sol, ce qui le rend idéal pour des zones telles que les champs de mines.

2.3 Contrôle de base du quadcoptère

Le quadcoptère est contrôlé en modifiant relativement la vitesse de rotation des rotors.

Les rotors avant et arrière tournent dans le sens des aiguilles d'une montre et les rotors à gauche et à droite tournent dans le sens inverse des aiguilles d'une montre.

Un mélangeur PWM fait partie de l'électronique de l'hélicoptère quadruple, c'est-à-dire de la carte KK. Il traite les signaux de commande entrants sous la forme d'accélérateur, de lacet, de tangage et de roulis provenant du contrôleur FMS et les traduit en signaux de commande de moteur après les avoir traités dans le microcontrôleur Atmega168PA IC. La carte KK permet de contrôler le quadcoptère comme n'importe quel hélicoptère traditionnel.

La carte KK et l'hélicoptère Quad sont configurés en configuration 4xRotors +.

La section suivante illustre cette configuration et la manière dont le quadcoptère effectue les manutentions dans cette configuration.

Dans les figures suivantes, les barres indiquent le niveau de vitesse du moteur. Une barre noire pleine indique la vitesse maximale du moteur et une boîte blanche la vitesse nulle du moteur.

Conseil KK

Les barres indiquent le niveau de vitesse du moteur dans les figures suivantes. Une barre noire pleine indique une vitesse maximale du moteur et une boîte blanche une vitesse nulle du moteur.

Si les 4 barres sont à 50 %, le Quadcopter reste en vol stationnaire à une altitude fixe.

Dans toutes les figures, le quadcoptère est vu d'en haut.

2.3.1 Accélérateur

Counter Spin Of Propeller Pairs

Vitesse des moteurs lors de l'augmentation de l'accélérateur

Lorsque l'on augmente les gaz, la vitesse de rotation des quatre moteurs augmente simultanément. Les rotors créent alors une portance et le drone prend de l'altitude.

Les deux rotors en haut et en bas de la figure ci-dessus tournent dans le sens des aiguilles d'une montre et les deux rotors à gauche et à droite tournent dans le sens inverse des aiguilles d'une montre.

Le couple net sur le quadcoptère est égal à zéro.

Clockwise Torque - Counter Clock wise Torque =0

2.3.2 Yaw

Le mouvement de lacet est en fait la rotation du quadricoptère autour de son propre axe. La rotation peut se faire dans le sens des aiguilles d'une montre ou dans le sens inverse. Il existe

2 types de mouvements de lacet

1. Mouvement de lacet dans le sens des aiguilles d'une montre
2. Mouvement de lacet dans le sens inverse des aiguilles d'une montre

2.3.2.1 Mouvement de lacet dans le sens des aiguilles d'une montre

La portance globale est maintenue, bien que la vitesse des rotors change. Pour faire tourner le quadcoptère dans le sens des aiguilles d'une montre, la vitesse des rotors supérieur et inférieur est augmentée et la vitesse des rotors gauche et droit est diminuée. De cette manière, le quadcoptère conserve la même force de portance. En outre, le quadcoptère augmente la force de traînée des deux rotors ayant la vitesse la plus élevée, ce qui le fait tourner. Illustration d'un quadcoptère tournant dans le sens des aiguilles d'une montre

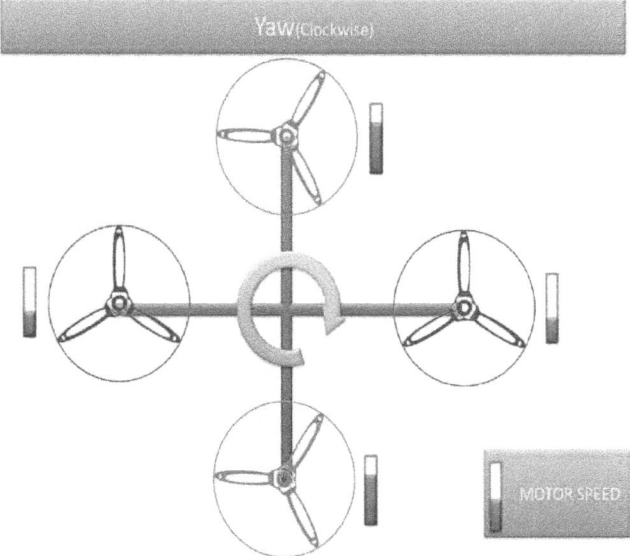

Vitesse des moteurs lors d'un mouvement de lacet dans le sens des aiguilles d'une montre

2.3.2.2 Mouvement de lacet dans le sens inverse des aiguilles d'une montre

Pour faire tourner le quadricoptère dans le sens inverse des aiguilles d'une montre, on fait l'inverse, c'est-à-dire qu'on augmente la vitesse des rotors gauche et droit tout en diminuant la vitesse des rotors supérieur et inférieur, de sorte qu'un couple net dans le sens inverse des aiguilles d'une montre est présent sur le corps du quadricoptère, ce qui le force à tourner dans le sens inverse des aiguilles d'une montre autour de son propre axe.

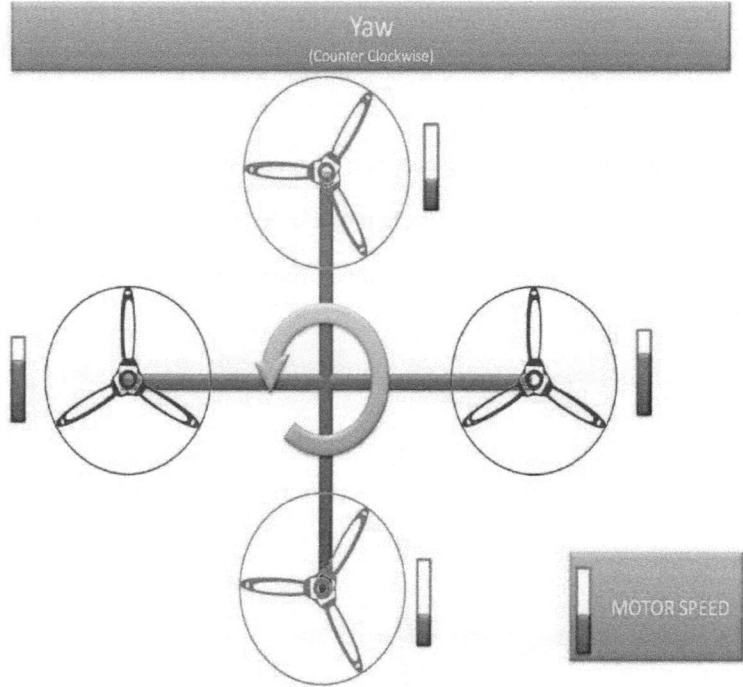

Vitesse des moteurs lors d'un mouvement de lacet dans le sens inverse des aiguilles d'une montre

2.3.3 Pitch

Le tangage est en fait le mouvement vers l'avant et vers l'arrière. Il est utilisé pour faire avancer ou reculer le quadcoptère. Il existe deux types de mouvements de tangage

1. Pitch avant

2. Pas en arrière

2.3.3.1 Pitch avant

Le déplacement vers l'avant est le résultat de l'inclinaison du Quadcopter vers l'avant, où la vitesse du rotor supérieur est diminuée et celle du rotor inférieur augmentée. Pendant ce mouvement, la portance totale doit être maintenue, en gardant la vitesse des rotors latéraux inchangée.

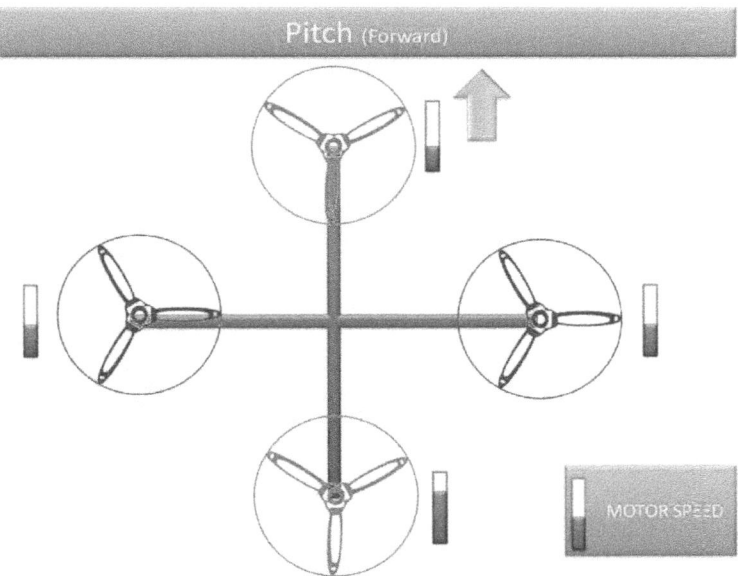

Vitesse des moteurs lors d'un mouvement vers l'avant (pitch)

2.3.3.1 Pas en arrière

Le pas arrière est obtenu en effectuant des actions opposées avec les vitesses de rotation du rotor, comme pour le pas avant.

Le mouvement vers l'arrière est le résultat de l'inclinaison du Quadcopter vers l'arrière, où la vitesse du rotor inférieur est diminuée et celle du rotor supérieur augmentée. Pendant ce mouvement, la portance totale doit être maintenue, en gardant la vitesse des rotors latéraux inchangée.

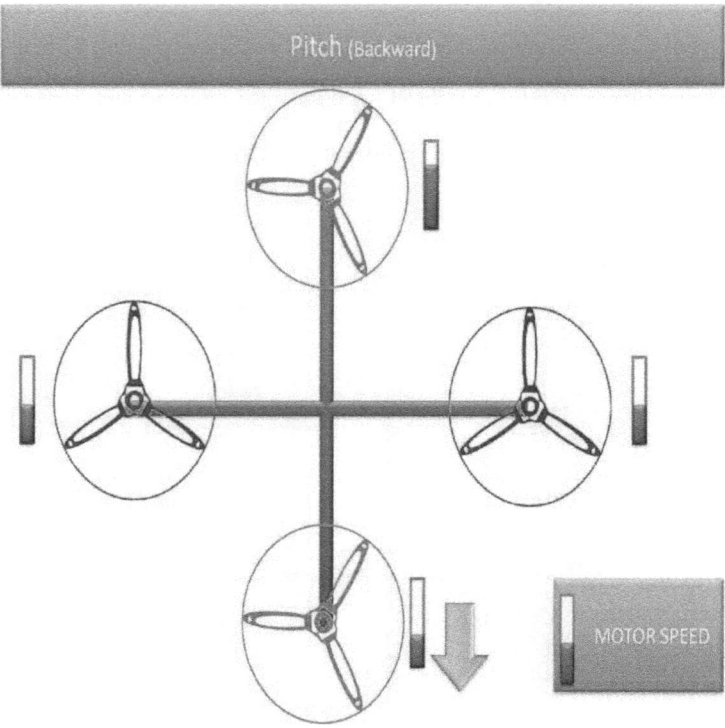

Vitesse des moteurs lors d'un mouvement de recul (pitch)

2.3.4 Rouleau

Le roulis est en fait le mouvement latéral ou de gauche à droite du quadcoptère.

Il existe deux types de motions de roulage.

1. Rouleau gauche
2. Rouleau droit

2.3.4.1 Rouleau gauche

Le roulis s'effectue comme le tangage, sauf que la vitesse des rotors latéraux est modifiée, au lieu de celle des rotors supérieur et inférieur. La vitesse du rotor droit est diminuée et la vitesse du rotor gauche est augmentée proportionnellement à la diminution de la vitesse du rotor gauche, tout en maintenant constante la vitesse des rotors supérieur et inférieur.

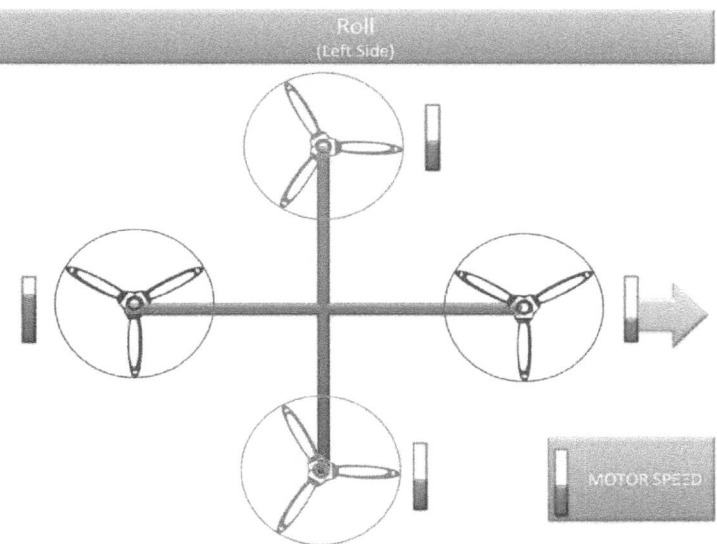

Vitesse des moteurs lors d'un roulage à gauche

2.3.4.2 Rouleau droit

Le roulis à droite est obtenu en effectuant des actions opposées à celles du roulis à gauche. La vitesse du rotor gauche est diminuée et la vitesse du rotor droit est augmentée proportionnellement à la diminution de la vitesse du rotor gauche, tout en maintenant constantes les vitesses des rotors supérieur et inférieur.

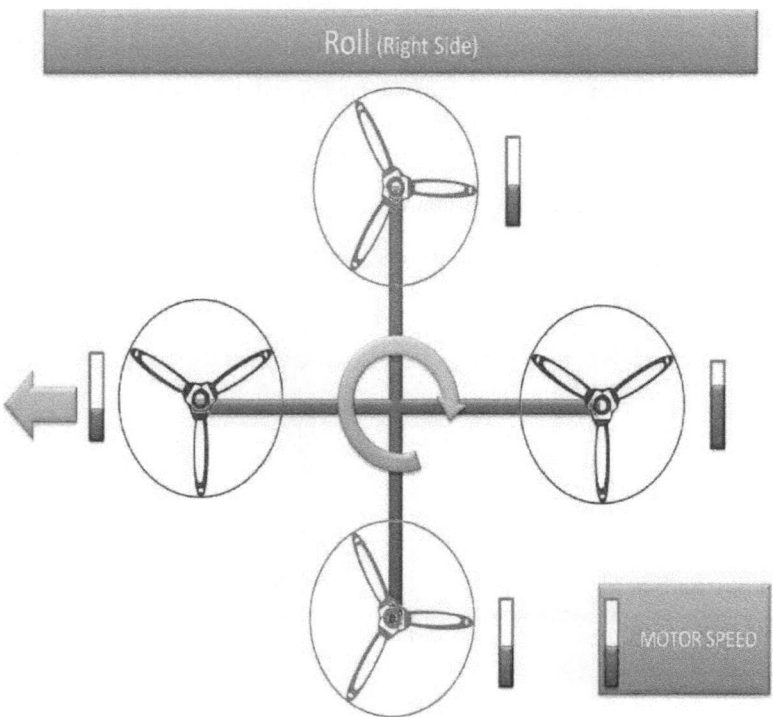

Vitesse des moteurs lors d'un roulis à droite

2.4 L'émetteur du contrôleur radio

Le Quad copter est contrôlé à l'aide d'un émetteur R/C ordinaire. L'émetteur R/C utilisé dans ce projet est un contrôleur radio FMS à 6 canaux, comme le montre la figure ci-dessous. Seuls 4 canaux sont nécessaires pour contrôler les 4 commandes nécessaires au pilotage du quadcoptère, à savoir la manette des gaz, l'aileron, la gouverne de profondeur et la gouverne de direction, c'est pourquoi seuls 4 canaux seront utilisés. Deux canaux supplémentaires, les canaux 5 et 6, sont utilisés pour déclencher les servomoteurs qui contrôlent l'ouverture et la fermeture de la trappe électronique. La trappe est utilisée pour larguer des balises ou des charges explosives près de la mine.

Pour contrôler les 4 signaux, on utilise 2 manches sur l'émetteur R/C. Le manche gauche contrôle le lacet et les gaz et le manche droit le roulis et le tangage. Le manche gauche contrôle le lacet et les gaz et le manche droit le roulis et le tangage. En déplaçant le manche gauche verticalement, le signal des gaz est manipulé. Lorsque le manche est en position basse, la valeur des gaz est nulle. Lorsque le manche est en position haute, les pleins gaz sont envoyés. En déplaçant le manche gauche horizontalement, le signal de lacet est manipulé. Le lacet est nul lorsque le manche est au centre, et lorsqu'il est déplacé vers la gauche, le quadcoptère tourne dans le sens inverse des aiguilles d'une montre. La rotation se fait dans le sens des aiguilles d'une montre lorsque le manche est déplacé vers la droite.

Le fait de centrer le manche droit signifie que l'émetteur R/C envoie un roulis et un tangage nuls. En déplaçant le manche verticalement, on manipule le tangage et horizontalement le roulis. En combinant ces quatre signaux de commande, il est possible de déplacer le quadcoptère avec six degrés de liberté.

2.5 Schéma fonctionnel d'un quadcoptère :

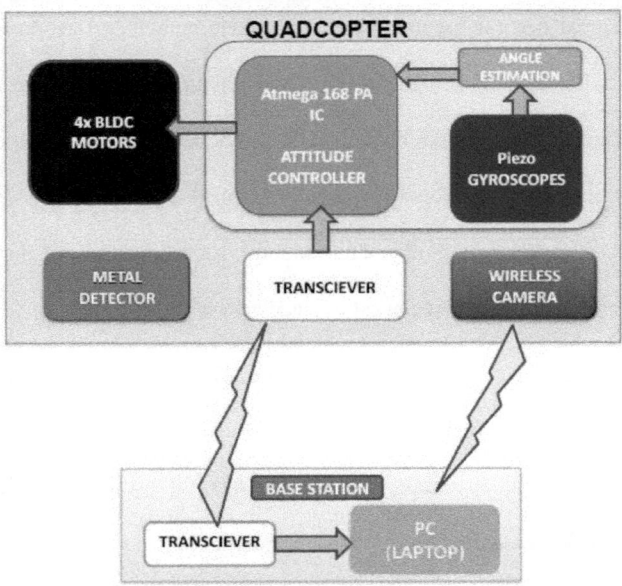

Schéma fonctionnel de l'hélicoptère quadruple

Le bloc supérieur est le module de vol ou d'aérostation du projet, le quadcoptère, et tout ce qui se trouve sur le bloc supérieur est monté sur le quadcoptère. Le détecteur de métaux monté sur le quadcoptère permet de détecter les mines pendant que le drone survole le champ de mines. Les commandes de vol sont envoyées à l'UAV depuis l'émetteur du contrôleur radio FMS situé au sol dans la station de base. Les commandes sont reçues par le récepteur VHF de l'UAV et sont ensuite envoyées par ce dernier au circuit intégré Atmega en tant qu'entrées. Après avoir reçu les signaux de commande [signaux PWM], le circuit intégré les traite et produit les commandes de sortie qui sont envoyées aux moteurs, lesquels modifient leur vitesse en fonction des commandes qui leur sont données par le circuit intégré Atmega. Ainsi, les mouvements aériens tels que le roulis, le tangage et le lacet sont exécutés par le quadcoptère dans les airs.

La caméra sans fil envoie sans fil sur la bande VHF la vidéo capturée par la caméra montée sur le quadricoptère. La vidéo est reçue par l'ordinateur portable de la station de base.

2.6   Circuit de commande du quadcoptère

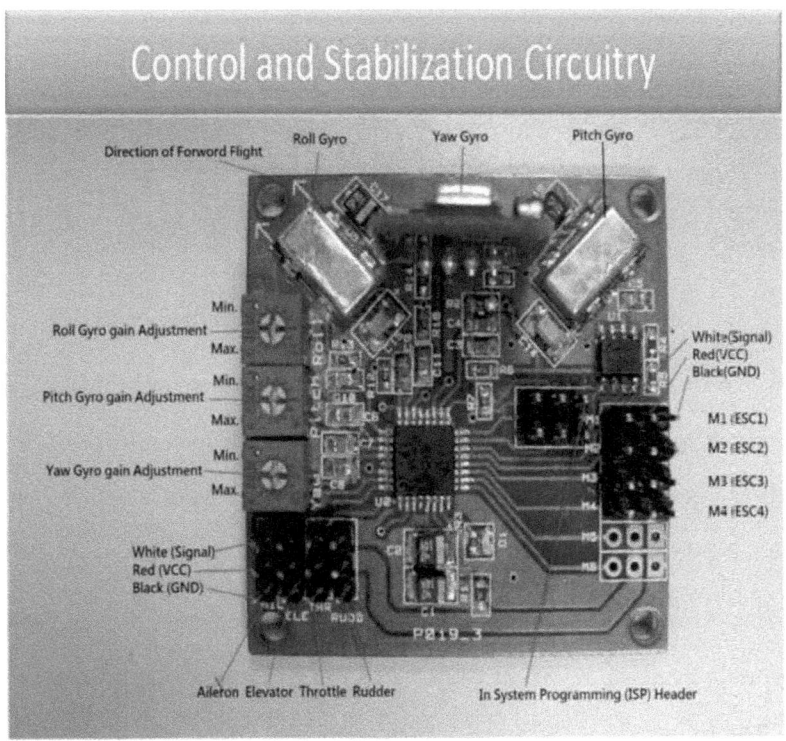

Carte KK. Microcontrôleur Atmega168PA IC

La carte KK peut supporter jusqu'à 6 moteurs, mais dans notre projet, seuls 4 moteurs sont nécessaires dans le cas du quadricoptère, nous utilisons donc les moteurs 1-4 dans le diagramme ci-dessus. La configuration des moteurs est illustrée dans la figure suivante.

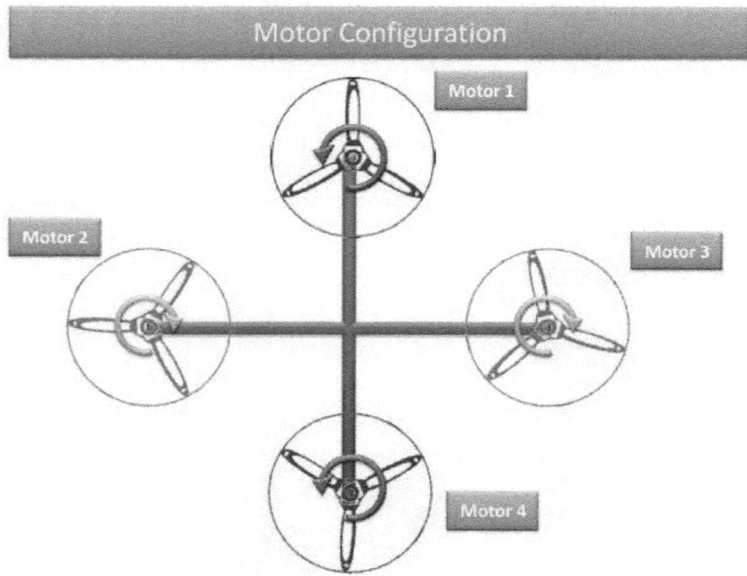

Configurations des moteurs

La sortie de la carte KK est constituée par les signaux de sortie des broches M1, M2, M3, M4 qui, à leur tour, servent d'entrée aux régulateurs de vitesse électroniques qui sont à leur tour connectés aux quatre moteurs respectifs et dont les vitesses sont modifiées en fonction du signal de sortie de la carte KK.

Les 4 canaux de contrôle, à savoir l'aileron, la gouverne de profondeur, la manette des gaz et la gouverne de direction, provenant du récepteur FMS, sont entrés sur la carte KK dans le coin inférieur gauche.

Les trois gyroscopes piézoélectriques installés pour calculer les angles d'inclinaison sont présents sur la carte KK de couleur argentée. Ils fournissent les trois axes d'inclinaison angulaire dans le corps du quadcoptère, à savoir le gyroscope de lacet, le gyroscope de tangage et le gyroscope de roulis. Le filtre pour chacune des valves de sortie des gyroscopes est installé sur la carte KK pour une lecture précise des trois gyroscopes.

Les gains des trois gyroscopes peuvent être ajustés avec précision en tournant les trois résistances variables situées sur le côté gauche de la carte KK.

Les six broches ISP situées au centre de la carte KK sont utilisées pour effectuer la programmation interne du circuit intégré ATmega 168pa. Le code de stabilisation peut être gravé à l'aide de n'importe quel graveur USB-série supporté par l'AVR Studio 4. Nous avons utilisé le graveur AVRISP Mk2.

2.7 Travailler

1. Pour ce faire, il prend le signal des trois gyroscopes embarqués (roulis, tangage et lacet) et le transmet au circuit intégré Atmega48PA.

2. Le circuit intégré Atmega48PA traite ensuite ces signaux selon le code gravé par l'utilisateur et transmet les signaux de commande aux contrôleurs électroniques de vitesse (ESC) installés.

3. Ces signaux indiquent aux ESC de faire des ajustements fins de la vitesse de rotation des moteurs, ce qui stabilise votre quadcoptère.

4. La carte contrôleur Atmega utilise également les signaux du récepteur radio (Rx) et les transmet au circuit intégré Atmega48PA par l'intermédiaire des entrées aileron, gouvernail de profondeur, gouvernail de profondeur et gouvernail de direction.

Une fois que ces informations ont été traitées, le circuit intégré envoie des signaux variables à l'ESC qui, à son tour, ajuste la vitesse de rotation de chaque moteur pour produire un vol contrôlé (haut, bas, arrière, avant, gauche, droite, lacet).

2.8 Programmation dans le système sur le circuit intégré ATmega 168 PA

La carte contrôleur Quad-copter KK est équipée d'une puce Atmega168PA qui peut être programmée selon le choix de l'utilisateur via les broches ISP présentes sur la carte KK.

Pour ce faire, la première étape consiste à

1. Réglage des fusibles IC et flashage du micrologiciel

2. Connectez le programmateur AVRISP Mk2 (ou similaire) à l'en-tête ISP à six broches de la carte KK.

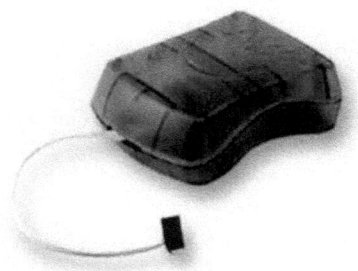

En-tête ISP à six broches

3. Connectez la prise à 6 broches de votre programmateur à l'en-tête ISP de la carte. La broche 1 de l'en-tête ISP est généralement marquée d'un petit triangle. Connectez ensuite une source d'alimentation de 5 V CC aux broches de la carte.

4. Ouvrez AVR Studio 4. Il vous demandera si vous voulez commencer un nouveau projet ou ouvrir un projet existant.

5. Choisissez Annuler et cliquez sur l'icône de connexion.

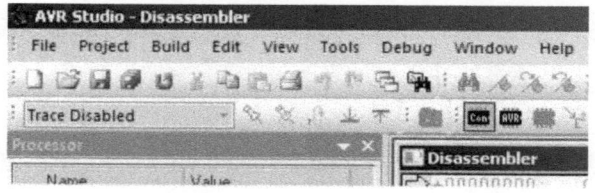

AVR Studio 4- Désassembleur

Il ouvrira une nouvelle fenêtre avec un dialogue de connexion vous demandant de sélectionner votre programmateur et votre port de connexion. Avec un programmateur comme l'AVRISP mkII, c'est facile car lorsque vous sélectionnez ce programmateur, il n'y a qu'un seul choix de port.... USB. L'AVR-ISP500 d'Olimex est reconnu comme un STK500 et a l'option de choisir automatiquement le port. S'il ne reconnaît pas le port, vous devrez peut-être définir manuellement le port du programmateur dans les paramètres de périphérique de Windows entre COM1 et COM4 pour qu'AVR Studio le reconnaisse.

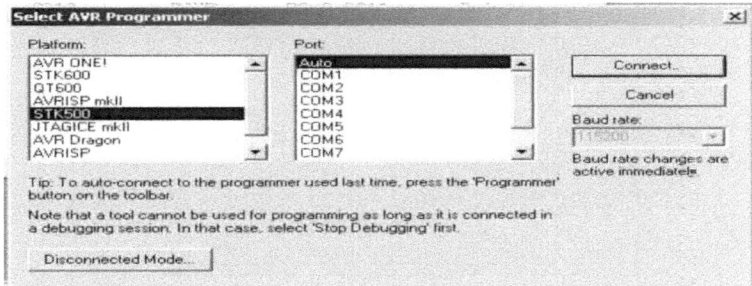

AVR Studio 4- dialogue avec le programmateur

Lorsque vous avez choisi votre programmateur et votre port, cliquez sur connecter et vous serez dirigé vers le dialogue de programmation de l'AVR.

Dans la fenêtre de programmation AVR, allez dans l'onglet "Main" et assurez-vous que la puce que vous programmez (par exemple Atmega168PA) est sélectionnée dans le menu déroulant "Device and Signature Bytes".

Assurez-vous également que le mode de programmation et les paramètres de la cible sont réglés sur ISP. Assurez-vous que les paramètres du mode ISP ont la fréquence ISP réglée suffisamment bas pour parler à la puce.

La fréquence du programmateur peut être réglée sur 115,2 kHz. Il s'agit d'un réglage important à effectuer. Si vous cliquez sur "Lire la signature" et que vous obtenez la réponse "La signature correspond à l'appareil sélectionné", vous avez réussi à vous connecter à votre circuit intégré.

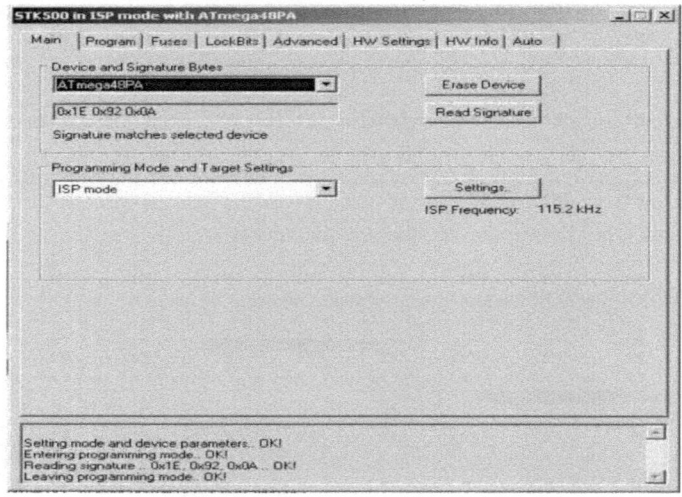

STK500 en mode ISP avec ATmega48PA

Assurez-vous également que la carte cible ou le PCB est alimenté (vous pouvez le vérifier en cliquant sur l'onglet HW Settings et en vérifiant si le programmateur peut voir une tension).

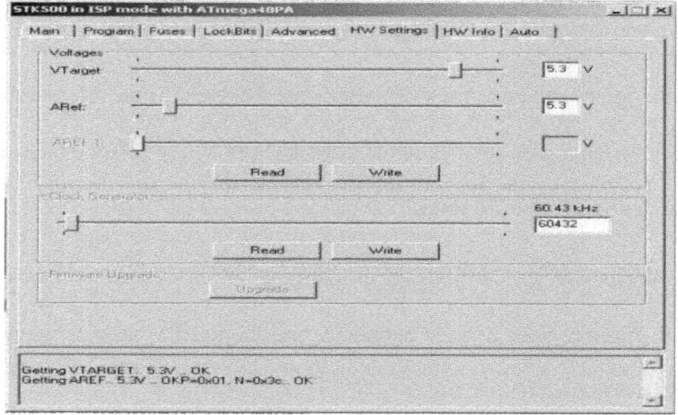

Réglages HW

Il est maintenant temps de régler les fusibles et de cliquer sur l'onglet "Fuses". L'AVR Studio est très efficace à cet égard, car il détermine les paramètres des fusibles pour votre circuit intégré particulier en fonction des options de la case à cocher que vous choisissez.

Les cases à cocher doivent être réglées comme suit.

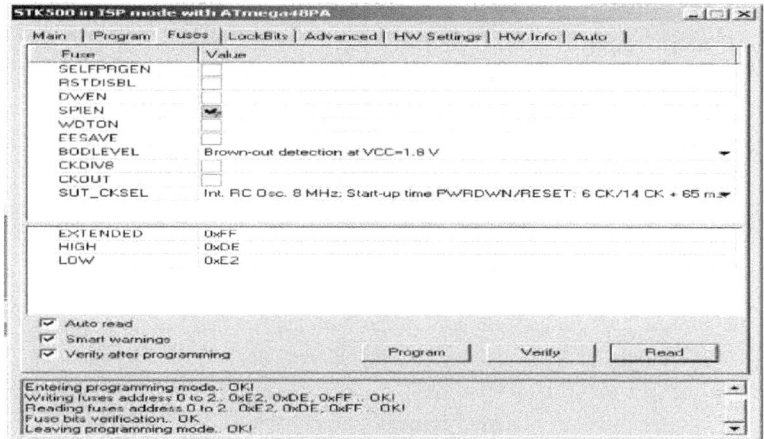

AVR Studios 4- Onglet Fuse

2.9 Composants du quadcoptère

Quad copters-Composants

- Structure en aluminium en forme de croix ou de X

- 4x Emax BLDC (moteurs DC sans balais)

- 4x Régulateurs de vitesse électroniques

- 4xHélices 10x4.5

- 3x Gyroscopes piézoélectriques

- 1x carte KK [IMU]

- 1x Microcontrôleur Atmega 168PA

- 2x Batterie Lipo 3 s 3000mAH 20C

- 1x contrôleur radio FMS 6 canaux [2.4 Ghz]

2.9.1 Hélice

4 x hélice à pas fixe [10x4.5]

Quad copter - Hélices

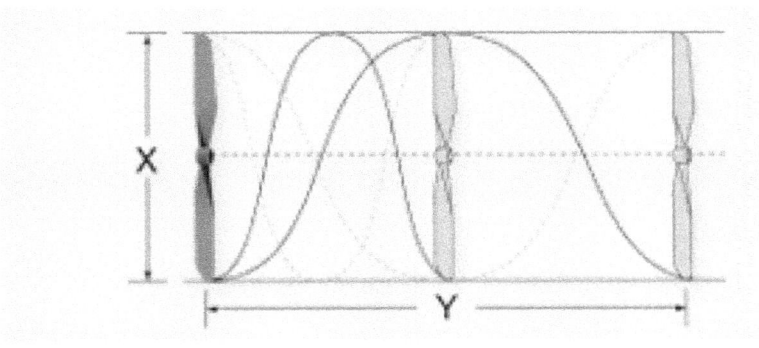

X= 9 [Diamètre]   Y= 7 [Pas]

Calculs de la poussée de l'hélice

Formules :

Puissance (WATTS)= P(in.) X D(in.)^A 4 X RPM^A 3 X 5.33 X 10^A -15 = 7 x 9A3 x 9000A2 x 10A-10

Poussée (oz.)=P(in.) X D(in.)A3 X RPMA2 X 10A-10 = 40.30 [oz.]

= 1,2 kg

= 2,5 livres

2.9.2 EMAX BL2215/20 Out runner Brushless Motor

4 de ces moteurs sont utilisés comme rotors dans le quadcoptère.

Moteur DC sans balais

CARACTÉRISTIQUES TECHNIQUES

Nombre de cellules	2-3x Li-Poly
Efficacité maximale	82%
Courant d'efficacité max.	14 - 24.5A (>75%)
Courant à vide / 10 V	0,5 A
Capacité actuelle	2215/20 24,5 A/60s
Résistance interne	275 mohm
Dimensions	22x15 mm
Diamètre de l'arbre	3 mm
Poids	100 g/3.08oz.
Poids du modèle recommandé	2215/20 400-1100g
Hélice recommandée sans boîte de vitesses	9*4.7 10*4.7 10*5

Model	**Voltage**	Propeller	RPM	Max Current	Max Trust
BL2215/20	12.0 V	10X4.7(Slow)	7400	20.2 A	1125g
BL2215/20	12.0 V	9X4.7(Slow)	9900	17.5 A	1020g
BL2215/20	10.9 V	10X5(Thin)	9350	24.5 A	1200g
BL2215/20	10.9 V	8X3.8(Slow)	11050	16.5 A	960g

2.9.3 Régulateurs de vitesse électroniques

Variateur de vitesse électronique - image 1

Régulateur de vitesse électronique - image 2

Spécifications

Max	Moteur	Actuel :	55A
Max	BEC	Actuel :	3A
BEC	Tension :	5.5v	(Commutation)
LiPo :			2~6S

NiMH : 5~16 cellules

Poids : 53 grammes

2.9.4 TURNIGY Batterie au lithium polymère 3s 3000mAH 20C

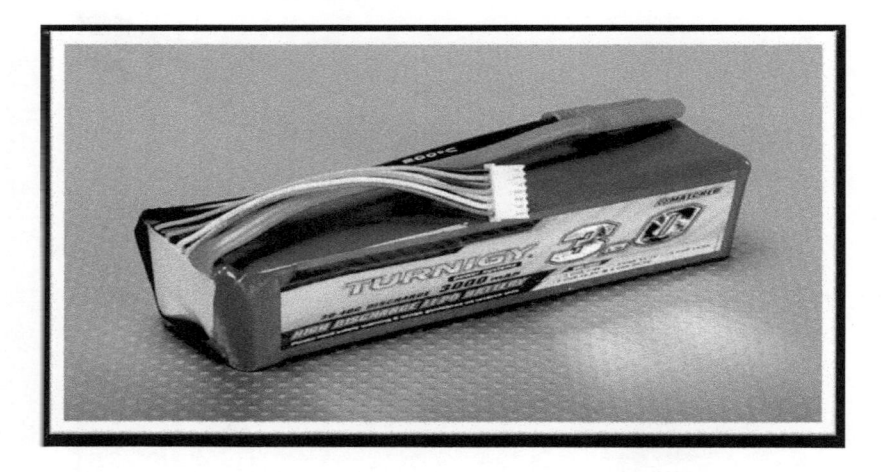

TURNIGY Batterie au lithium polymère

Spécifications

Capacité minimale : **3000mAh**

Configuration : **6S1P / 22.2v / 6Cell**

Décharge constante : **30C**

Décharge de pointe (10 secondes) : **40C**

Poids de l'emballage : **507g**

Taille de l'emballage : **139 x 43 x 39 mm**

Fiche de charge : **JST-XH**

Bouchon de décharge : **connecteur Bullet de 4 mm**

Capacity(mAh)	3000
Config (s)	6
Discharge(c)	30
Weight(g)	507
Max Charge Rate (C)	5
Length-A(mm)	139
Height-B(mm)	43
Width-C(mm)	39

2.10 Dessin mathématique Autocad du quadcopter

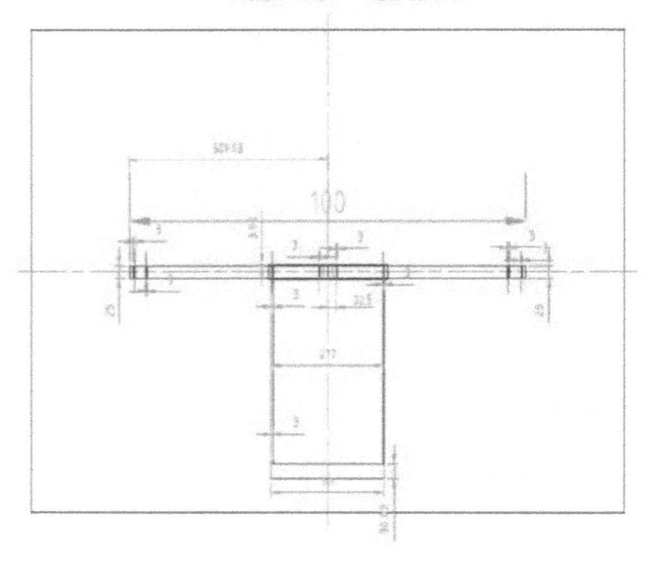

Dessin mathématique du quadcoptère - Vue de face

CHAPITRE 3

Détecteur de métaux

3.1 Le détecteur de métaux :

Pour la détection des mines, nous avons utilisé un détecteur de métaux. En effet, la détection des métaux nous permet de nous concentrer sur le déminage des mines métalliques qui ont été posées pendant les guerres et qui n'ont pas encore été déminées.

3.1.1 Pourquoi un détecteur de métaux ?

Il existe de nombreux types de détecteurs de mines qui peuvent être utilisés à des fins de détection, mais ils ont tous leurs inconvénients, comme le détecteur de type GPR, qui est limité par les sols humides. De même, les détecteurs acoustiques de métaux ne peuvent pas détecter les mines à faible teneur en métal et leur détection diminue dans les sols secs. Les détecteurs à polymères fluorescents sont également limités par les sols secs. Il en existe beaucoup d'autres, dont la comparaison est présentée dans le tableau.

TECHNOLOGY	Metal Mines	LowMetal Mines	TNT Mines	RDX Mines	Dry Soil	Wet Soil
Metal Detector	✓	✗	✓	✓	✓	✓
GPR	✓	✓	✓	✓	✓	✗
Acoustic	✓	✗	✓	✓	✗	✓
Fluorescent polymers	✓	✓	✓	✓	✗	✓
NQR	✗	✓	✗	✓	✓	✓

Compte tenu de toutes les raisons susmentionnées, nous avons choisi les détecteurs de métaux comme détecteurs optimaux pour le projet.

La raison n'en est pas seulement qu'ils présentent une bonne détection, mais aussi qu'ils sont très efficaces :

1. Ils sont légers et peuvent donc être facilement montés sur le quadricoptère, tout en respectant les limites de poids.

2. Ils sont plus précis que les autres types de détecteurs.

3. Elles sont moins coûteuses que les autres techniques utilisées.

3.1.2 Types de détecteurs de métaux

Il existe différentes techniques de détection des métaux et les détecteurs de métaux sont classés en fonction de ces techniques. En fonction du type de technique, les types de détecteurs de métaux sont les suivants :

- Détecteur de métaux à très basse fréquence (VLF)
- Détecteur de métaux à induction d'impulsions (PI)
- Détecteur de métaux Beat Frequency Oscillation (BFO)

3.1.3 Détecteur de métaux PI :

Le détecteur de métaux utilisé initialement dans le cadre de ce projet est de type à induction d'impulsions (PI). Le système PI utilise une seule bobine comme émetteur et récepteur. Le détecteur fonctionne en envoyant une brève et puissante impulsion de courant à travers la bobine, ce qui génère un bref champ magnétique dans la bobine. Cela génère un bref champ magnétique dans la bobine. Lorsque l'impulsion s'éteint, le champ magnétique s'inverse en polarité, ce qui provoque un pic électrique très net. Cette pointe dure environ quelques microsecondes et provoque une nouvelle impulsion de courant dans la bobine. Cette impulsion est appelée impulsion réfléchie et dure environ 30 microsecondes. Une autre impulsion est envoyée et le processus se répète. Un détecteur de métaux PI typique envoie environ 100 impulsions par seconde.

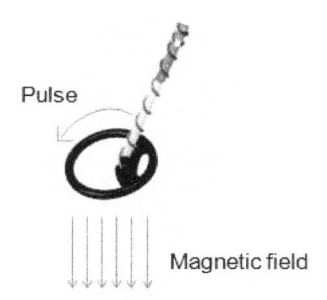

Champ magnétique généré par l'impulsion

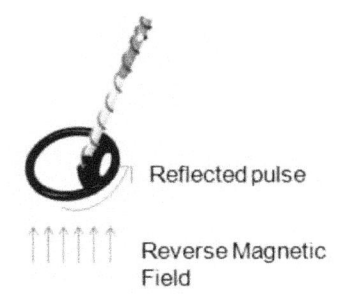

Champ magnétique inverse générant l'impulsion réfléchie

Lorsque le détecteur de métaux rencontre l'objet métallique, l'impulsion crée un champ magnétique opposé dans l'objet métallique. Le champ magnétique mourant provoque une impulsion réfléchie. Le champ magnétique de l'objet fait que l'impulsion réfléchie met plus de temps à disparaître complètement. C'est un peu comme un écho. Le champ magnétique de l'objet ajoute son "écho" à l'impulsion réfléchie, la faisant durer plus longtemps qu'elle ne le devrait. Un circuit d'échantillonnage dans le détecteur de métaux mesure la longueur de l'impulsion réfléchie. Il compare l'impulsion réfléchie à la longueur attendue. Si la longueur de l'impulsion réfléchie est supérieure à la longueur attendue, un objet métallique interfère avec l'impulsion. Le circuit d'échantillonnage envoie un signal à l'intégrateur. L'intégrateur lit ce signal, l'amplifie et le convertit en courant continu. Ce signal DC est envoyé à un circuit audio qui émet un signal sonore indiquant que l'objet métallique a été trouvé.

Le schéma de principe du circuit est le suivant :

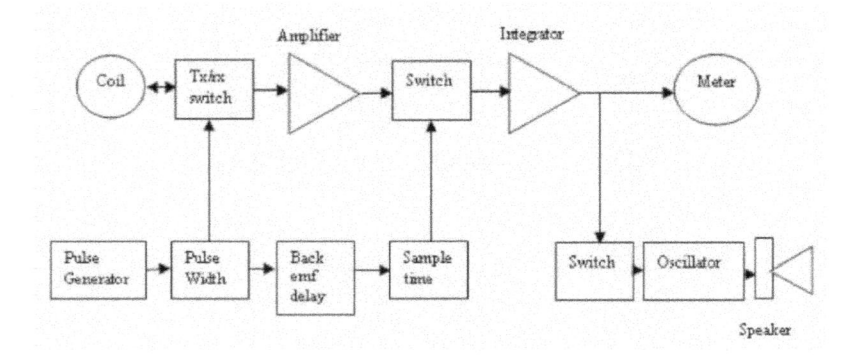

Schéma fonctionnel du détecteur de métaux

3.1.4 Lacunes

Le détecteur de métaux PI ne s'est pas avéré être une bonne approche car la liaison VHF est utilisée pour les commandes de l'UAV. La liaison VHF fonctionne à une fréquence de 2,4 GHz, une fréquence très élevée qui a provoqué des interférences avec les circuits du détecteur de métaux PI. Il en résulte de fausses détections.

En outre, le détecteur de métaux PI n'offrait pas une distance de détection suffisante par rapport au sol. Cela gênait le drone lorsqu'il survolait le champ de mines et présentait également un risque d'explosion des mines car la bobine était trop proche du sol.

3.1.5 Oscillateur de fréquence de battement

En raison des lacunes rencontrées avec le détecteur de métaux PI, nous avons opté pour un détecteur de métaux de type oscillateur à fréquence de battement. L'oscillateur à fréquence de battement permet une meilleure pénétration dans le sol et une détection jusqu'à 1 pied.

La seule limite est la sensibilité à la température, car des températures différentes peuvent affecter son pouvoir de détection. Mais ce problème peut être résolu en le réglant au préalable de manière à ce qu'il offre une bonne capacité de détection.

3.1.5.1 Fonctionnement des détecteurs de métaux BFO :

Les détecteurs de métaux de type BFO (beat frequency oscillation) sont les plus simples et les moins coûteux. C'est la raison pour laquelle les détecteurs de métaux BFO sont les plus utilisés. Ce type de détecteur utilise deux bobines de fil séparées pour la détection. Un oscillateur crée un signal constant à une fréquence donnée, qui est émis par l'une des bobines. La seconde bobine détecte les interférences de cette fréquence causées par les objets métalliques, ce qui se traduit par une tonalité audio changeante.

3.1.5.2 Schémas :

Le schéma de principe du détecteur de métaux BFO est le suivant :

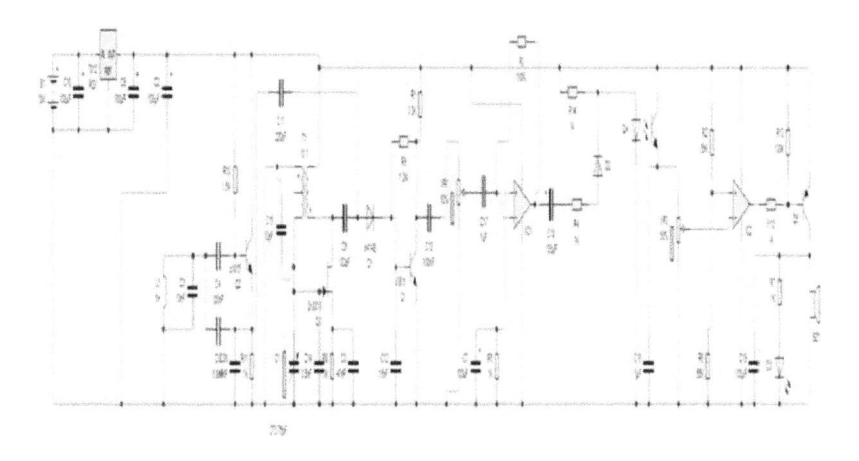

Schéma de principe du détecteur de métaux

Le détecteur BFO fonctionne de la même manière que le modèle VLF, mais il ne dispose pas de la capacité de filtrage et de réglage fin de ce dernier. Le détecteur BFO est donc plus sujet aux erreurs et aux interférences et moins apte à faire la différence entre les déchets et les trésors.

CHAPITRE 4

La trappe

Une petite trappe est installée à la base du drone. Elle permet de larguer une marque ou une petite charge qui servira soit à repérer la position de l'explosif, soit à le faire exploser à distance.

4.1 Construction et travail

La trappe est une petite boîte avec un couvercle qui reste fermé. Le couvercle est commandé par un servomoteur. Le servomoteur est à son tour contrôlé par le canal 6 du récepteur. Lorsque le canal 6 est déclenché, il envoie un signal au servomoteur. Le moteur tourne et ouvre le couvercle de la boîte. Une fois qu'il est relâché, la trappe se referme.

4.1.1 Marquage des mines

Lorsque la mine est détectée, un signal est envoyé au démineur contrôlant l'UAV. Lorsqu'il reçoit le signal, le démineur ouvre la trappe. Une fois la trappe ouverte, un marqueur tombera et marquera l'emplacement de la mine, qui pourra être enlevée ultérieurement.

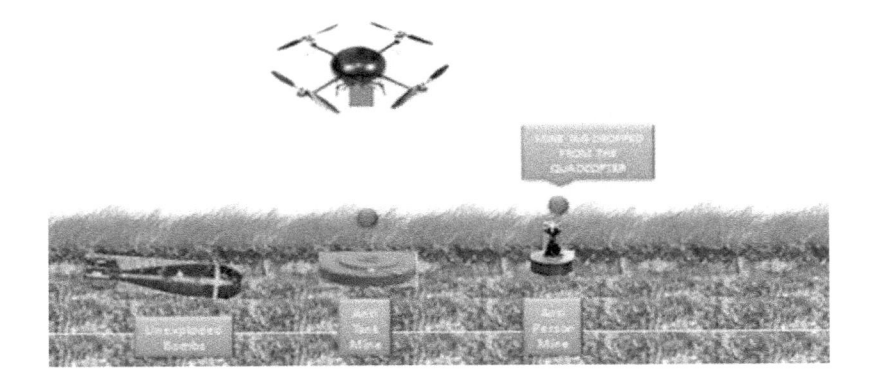

Scénario de marquage des mines

4.1.2 Détonation de la mine :

Une autre solution consiste à placer une petite charge qui peut être déclenchée à distance. Lorsque l'écoutille s'ouvre, l'explosif tombe. Le démineur le déclenche alors à distance. Une fois que l'explosif a explosé, la mine explose avec lui. De cette manière, les mines peuvent être déminées sans qu'il soit nécessaire de pénétrer dans le champ de mines lui-même.

Scénario de détonation de mine

CHAPITRE 5

Caméra sans fil

La caméra sans fil utilisée établit une liaison avec la station de base ou le récepteur qui permet d'observer le flux vidéo en direct.

Scénario de transmission vidéo en direct

La caméra sans fil installée capture la vidéo de son environnement puis transmet les données par une liaison VHF qu'elle établit avec le récepteur. Le récepteur est connecté à l'ordinateur portable sur lequel on peut voir la vidéo capturée. De cette manière, nous sommes en mesure d'obtenir un flux vidéo en direct des environs, ce qui permet d'étudier la zone et de localiser l'emplacement de la mine.

CHAPITRE 6

Objectifs atteints

L'objectif de notre projet était de concevoir un drone capable de détecter des mines et d'assurer une surveillance vidéo à distance.

6.1 Preuve du concept

Le projet a été mis en œuvre en utilisant un quadricoptère comme drone. Pour vérifier les performances du drone, un vol d'essai a été effectué. Après quelques difficultés initiales, le quadricoptère a décollé. Le temps de vol a été calculé à environ 2 minutes, pendant lesquelles le quadricoptère a volé jusqu'à une hauteur d'environ 12 pieds du sol et a maintenu une distance d'environ 20 pieds du récepteur.

Vol d'essai du quadcoptère

Le concept de détection des mines a été présenté en utilisant un détecteur de métaux BFO, pour détecter les mines métalliques, les EEI, les obus de bombes non explosés, etc. La bobine du détecteur de métaux est suspendue sous le quadricoptère à l'aide de tiges. La bobine du détecteur de métaux était suspendue sous le quadricoptère à l'aide de tiges. Ces dernières servaient également de nacelle d'atterrissage pour le quadricoptère. Une fois que le quadricoptère a décollé, les jambes s'étendent et déploient la bobine du détecteur de métaux.

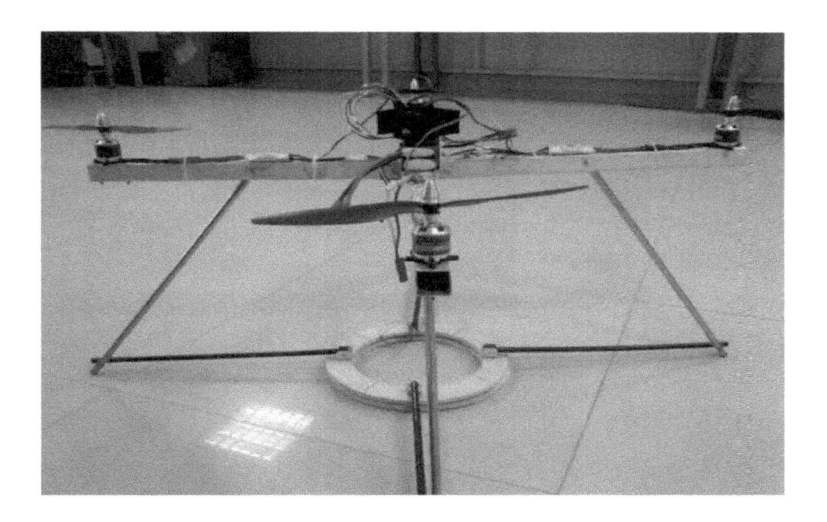

Structure de l'hélicoptère quadruple - image 1

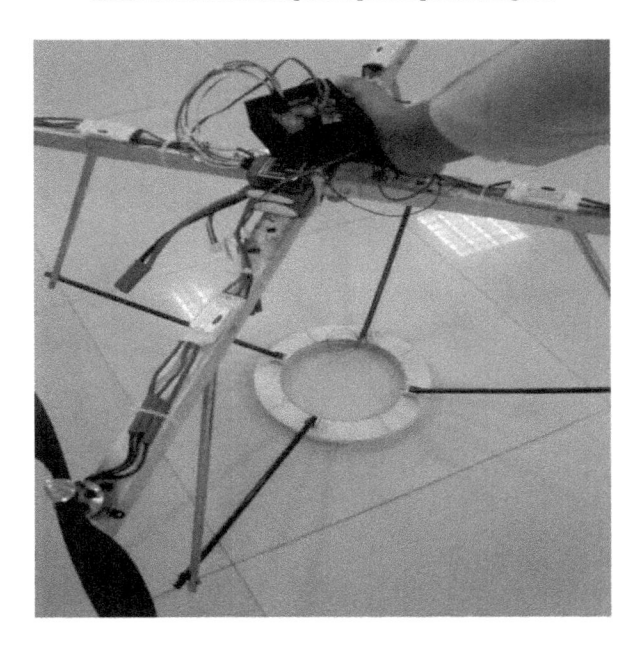

Structure de l'hélicoptère quadruple - image 2

Pour la vidéosurveillance à distance, une petite caméra sans fil a été utilisée à la base du détecteur de métaux, qui capturait la vidéo et l'envoyait à la station de base (ordinateur portable) via un canal VHF qu'elle établissait avec le récepteur.

Caméra sans fil

CHAPITRE 7

Applications

Il s'agit d'un projet humanitaire conçu pour fournir une méthode de déminage plus sûre, plus rapide, plus efficace et globalement plus performante. Le démineur n'a jamais besoin d'aller dans le champ de mines, sa vie n'est donc pas en danger.

En outre, le projet est équipé d'une caméra sans fil qui permet au drone de faire de la reconnaissance vidéo.

En outre, le projet trouve de nombreuses autres applications. Quelques-unes des applications du projet sont :

- Utilisation militaire
- Lutte contre l'incendie
- Utilisation par les autorités publiques
- L'industrie
- Entreprises

7.1 Utilisation militaire

Le projet trouve son utilité dans le domaine militaire. En temps de guerre et lors d'exercices militaires, les drones aident à effectuer des relevés aériens de la zone. Le petit drone est autorisé à survoler le territoire ennemi pour capturer une vue aérienne. Grâce à leur petite taille, ils sont pratiquement indétectables.

Utilisation de quadcoptères dans l'armée - image 1

En outre, ils peuvent également être utilisés pour des missions de recherche et de sauvetage. Le quadcoptère équipé d'une simple caméra sans fil peut être utilisé pour trouver la personne qui a besoin d'être secourue, au lieu d'envoyer une équipe entière.

Utilisation de quadcoptères dans l'armée - image 2

En outre, il peut être utilisé pour détecter d'éventuels explosifs et mines terrestres qui pourraient avoir été posés par l'ennemi dans la zone à couvrir.

En outre, il peut également être utilisé pour détecter les obus de bombes laissés sur place.

Obus de bombes

7.2 Lutte contre l'incendie

La lutte contre les incendies est un travail très dangereux. Sortir une personne d'un bâtiment en feu est déjà un défi, sans parler de trouver une personne qui s'est évanouie à cause de la fumée. Dans un tel cas, un quadcoptère peut s'avérer très utile. Il peut monter à l'étage supérieur et entrer simplement par une fenêtre ouverte.

Des hélicoptères quadcoptères utilisés par les pompiers pour les opérations de sauvetage

Il s'agit d'une structure stable, capable de manœuvrer dans les coins les plus étroits, qui peut facilement pénétrer dans un bâtiment. La caméra montée à son sommet peut être utilisée pour localiser toute personne susceptible d'être piégée. En outre, le pilote du quadricoptère peut facilement guider la personne hors du bâtiment en la guidant avec le drone.

7.3 Autorité publique

Les quadricoptères peuvent s'avérer très utiles pour les autorités publiques telles que la police. Ils peuvent être envoyés en altitude et servir à l'étude aérienne d'une région dans le cadre de missions de recherche et de sauvetage. Pouvant voler très haut, le quadricoptère est capable de couvrir une très grande zone au sol et s'avère donc très utile en cas de recherche.

Des quadcoptères utilisés par la police

En cas d'opérations de sauvetage de personnes sinistrées, le quadricoptère peut être utilisé pour localiser l'emplacement d'une personne coincée sous les décombres, grâce à la reconnaissance vidéo.

7.4 L'industrie

Dans l'industrie, les quadricoptères trouvent à nouveau leur application grâce à leur capacité à capturer et à transmettre un retour vidéo en direct. Ils peuvent effectuer des relevés aériens des gazoducs. Cela permet de vérifier s'il y a des fissures ou des fuites dans les tuyaux. Ils peuvent facilement manœuvrer autour des bords qu'une personne ne peut pas facilement contourner.

Des quadcoptères sont utilisés pour la maintenance des mégastructures - image 1

De même, ils peuvent être utilisés pour vérifier les fissures et les faiblesses des mégastructures telles que les ponts et les barrages.

Des quadcoptères sont utilisés pour l'entretien des mégastructures - image 2

7.5 Entreprises

Les personnes travaillant dans le secteur, comme les agences de presse, les médias, les réalisateurs de films, les photographes de la vie sauvage, trouvent également les quadricoptères très utiles. Ils peuvent fournir une vue aérienne du lieu. Qu'il s'agisse de couvrir un événement médiatique depuis le ciel ou de capturer la vidéo d'une bousculade dans la nature, ils peuvent s'avérer très utiles.

Les quadcoptères utilisés pour la surveillance

Les quadricoptères sont une technologie qui trouve de nombreuses autres applications, inspirant ainsi des idées nouvelles et innovantes. C'est pourquoi de nombreuses entreprises de R&D et universités mènent également des recherches sur les quadricoptères.

Les quadcoptères utilisés dans la recherche

CHAPITRE 8

Travaux futurs

Le projet est achevé et la preuve du concept a été apportée avec la démonstration des modules fonctionnels. Mais la mise en œuvre du projet est rudimentaire et incohérente en raison du manque de temps et de fonds. La conception et la structure du projet peuvent être améliorées pour en faire un prototype plus sûr et plus robuste. Des modifications peuvent y être apportées afin d'en accroître la portée. Il peut également servir de base à d'autres solutions d'ingénierie.

8.1 Améliorations :

La structure peut être encore améliorée en utilisant un corps en fibre de carbone au lieu d'un corps en aluminium. Il est possible de la rendre plus sûre en apportant des modifications à la carrosserie ou en ajoutant un cadre pour protéger les composants internes.

La nacelle du quadricoptère est une structure lâche qui introduit des vibrations inutiles. Une nouvelle conception de la nacelle peut être mise en œuvre pour réduire ces vibrations. Le quadricoptère pourra ainsi voler plus facilement et en douceur.

8.2 Modifications

L'intégration de tous les modules peut être améliorée et des composants plus puissants peuvent être utilisés, de sorte que le quadricoptère sera capable de soulever une charge utile plus importante et de rester en vol plus longtemps.

Les nouvelles mines posées ne sont pas en métal. Des mines en plastique et des explosifs sont utilisés pour éviter d'être détectés par les détecteurs de métaux. Ainsi, au lieu d'utiliser un détecteur de métaux, on peut mettre en place un détecteur de mines qui fonctionne en détectant les explosifs plutôt que la couverture métallique. De cette manière, la portée du projet peut être élargie, car il sera capable de détecter non seulement les mines métalliques, mais aussi les explosifs en plastique.

8.3 Solutions d'ingénierie

Le projet peut également être intégré à d'autres projets, par exemple des systèmes SDR VHF MIMO. De cette manière, le quadricoptère sera capable de transmettre des vidéos en établissant une liaison avec la station de base, sans avoir recours au Wi-Fi. D'autres solutions de ce type peuvent également être développées.

Références

1. P. Abbeel, A. Coates, M. Montemerlo, A.Y. Ng et S. Thrun. Discriminative training of kalman filters. In Pro RSS, 2005.

2. M. Achtelik. Vision-based pose estimation for autonomous micro aerial vehicles in gps-denied areas. Mémoire de maîtrise, Technische Universifat, M'unchen, Allemagne, 2009.

3. Markus Achtelik, Abraham Bachrach, Ruijie He, Samuel Prentice et Nicholas Roy. Stereo vision and laser odometry for autonomous helicopters in gps-denied indoor environments (Vision stéréo et odométrie laser pour des hélicoptères autonomes dans des environnements intérieurs dépourvus de GPS). Dans les actes de la conférence SPIE sur la technologie des systèmes sans pilote XI, Orlando, FL, 2009.

4. Herbert Bay, Tinne Tuytelaars et Luc Van Gool. Surf : Des caractéristiques robustes accélérées. In In ECCV, pages 404-417, 2006.

5. Jean Y. Bouguet. Implémentation pyramidale de l'algorithme de lucas kanade : Description de l'algorithme, 2002.

6. G. Grisetti, C. Stachniss et W. Burgard. Improved techniques for grid mapping with rao-blackwellized particle filters. Robotics, IEEE Transactions on, 23(1):34- 46, 2007.

7. D. Gurdan, J. Stumpf, M. Achtelik, K.-M. Doth, G. Hirzinger et D. Rus. Energy-efficient autonomous fourrotor flying robot controlled at 1 khz. Proc. ICRA, pages 361-366, avril 2007.

8. Chris Harris et Mike Stephens. A combined corner and edge detector. In The Fourth Alvey Vision Conference, pages 147-151, 1988.

9. Multi-Agent Quadrotor Testbed Control Designintegral Sliding Mode vs. Reinforcement Learning by Steven L. Waslander, Gabriel M. Hoffmann, Jung Soon Jang, Claire J. Tomlin

in 2005 IEEE/RSJ International Conference on Intelligent Robots and Systems.

10. Stabilisation et contrôle d'un micro-drone quadrirotor à l'aide de capteurs de vision Par Spencer G Fowers

11. Advanced Robotics System International. Détecteur de métaux contrôlé monté sur un robot de détection de mines par Seiji Masunaga et Kenzo Nonami

12. Supprimer l'héritage mortel de la guerre. Technological Solutions to the Enduring Global Landmine Problem par Jacqueline A. MacDonald, Carnegie Mellon University et The RAND Corporation.

Annexe A

Analyse de la littérature :

Navigation autonome et exploration d'un hélicoptère quadrirotor dans des environnements intérieurs dépourvus de GPS, Markus Achtelik, Abraham Bachrach, Ruijie He, Samuel Prentice et Nicholas Roy Technische University at Munchen, Allemagne

Massachusetts Institute of Technology, Cambridge, MA, USA

Cet article présente notre solution pour permettre à un hélicoptère quadrirotor de naviguer, d'explorer et de localiser de manière autonome des objets d'intérêt dans des environnements intérieurs non structurés et inconnus. Nous décrivons la conception et le fonctionnement de notre hélicoptère quadrirotor, avant de présenter l'architecture logicielle et les algorithmes individuels nécessaires à l'exécution de la mission. Des résultats expérimentaux sont présentés, démontrant la capacité du quadrirotor à fonctionner de manière autonome dans des environnements intérieurs.

Université d'Aalborg Vol stationnaire autonome à l'aide d'un hélicoptère quadrotor

L'objectif de ce projet est de faire planer un hélicoptère quadrirotor (X-Pro). Pour ce faire, l'hélicoptère est d'abord analysé afin de comprendre les perspectives physiques. Le modèle de l'X-Pro est divisé en trois parties : le moteur/l'engrenage, le rotor et la carrosserie. Une analyse de l'électronique montée sur la X-Pro est effectuée afin d'acquérir des connaissances sur le gyroscope et le mélangeur. Les moteurs sont modélisés à l'aide d'un système d'identification en tant que modèles ARX. Les rotors sont décrits par un polynôme du second ordre. Le corps de la X-Pro est modélisé comme un objet rigide en utilisant la relation dynamique et cinématique. Le modèle identifié de la X-Pro est linéarisé afin de concevoir un contrôleur LQR.

LE BANC D'ESSAI DE STANFORD POUR LES ENGINS À VOILURE TOURNANTE AUTONOMES POUR LA COMMANDE MULTI-AGENTS (STARMAC)

Gabe Hoffmann, Dev Gorur Rajnarayan, Steven L. Waslander, PhD. Candidats

Claire J. Tomlin, professeur adjoint, Université de Stanford, Stanford, CA.

Pour remplacer les véhicules aériens encombrants qui nécessitent une maintenance considérable et dont l'enveloppe de vol est limitée, le X4 a été choisi comme base pour le banc d'essai de Stanford sur les giravions autonomes pour le contrôle multi-agents (STARMAC). Cet article décrit la conception et le développement d'un système de commande de vol miniature de suivi de point de cheminement autonome, et la création d'une plate-forme multi-véhicules pour l'expérimentation et la validation d'algorithmes de commande multi-agents. Ce développement expérimenté ouvre la voie à la mise en œuvre dans le monde réel de travaux récents dans les domaines de l'évitement autonome des collisions et des obstacles, de l'assignation des tâches, du vol en formation, en utilisant à la fois des techniques centralisées et décentralisées.

Techniques de détection de mines basées sur le traitement d'images :

Joonki Paik*, Cheolha P. Lee et Mongi A. Abidi

Imaging, Robotics, and Intelligent Systems Laboratory, Department of Electrical and Computer Engineering, The University of Tennessee,

Knoxville

En fonction de la cible, les mines sont classées en deux types : les mines antichars (ATM) et les mines antipersonnel (APM). En raison de la variété des types de mines, les techniques actuelles de détection des mines sont diversifiées. On part du principe que la plupart des techniques de détection des mines se composent d'un capteur, d'un traitement du signal et d'un processus de décision. En ce qui concerne la partie capteur, les capteurs radar à pénétration de sol (GPR), infrarouge (IR) et à ultrasons (US) sont passés en revue et leurs caractéristiques sont résumées pour les signaux de sortie correspondants. Pour les parties traitement du signal et décision, un ensemble de techniques de traitement d'images comprenant le filtrage, l'amélioration, l'extraction de caractéristiques et la segmentation sont étudiées. La segmentation est utilisée pour extraire le signal de la mine des divers signaux concurrents. Pour la plupart des techniques de traitement d'images couvertes par cet article, les résultats expérimentaux relatifs à la détection des mines sont inclus ou reproduits à partir de travaux existants.

Détecteur de métaux contrôlé monté sur un robot de détection de mines

Seiji Masunaga et Kenzo Nonami

École supérieure des sciences et technologies, Université de Chiba.

Département d'ingénierie électronique et mécanique, Université de Chiba.

La capacité de détection des mines terrestres des détecteurs de métaux est très sensible à l'écart entre les mines terrestres enfouies et les têtes de capteur. C'est pourquoi les démineurs humains balayent manuellement la surface du sol avec les détecteurs de métaux de manière à ce que les têtes de capteur suivent la surface du sol. Dans le cas de la détection de mines terrestres assistée par des robots, cette fonction peut être exécutée avec précision et en toute sécurité en contrôlant l'écart et l'attitude des têtes de capteur. Dans cette étude, l'efficacité du contrôle de l'écart et de l'attitude de la tête du capteur par un manipulateur mécanique sur les performances de détection des mines terrestres a été étudiée de manière quantitative. À cette fin, l'article décrit le développement d'un détecteur de métaux contrôlé (CMD) pour contrôler l'écart et l'attitude de la tête du capteur.

ABABEEL UAV
CONCEPTION ET MISE EN ŒUVRE D'UN VÉHICULE AÉRIEN SANS PILOTE QUADROTOR DOTÉ D'UNE CAPACITÉ DE DÉTECTION ET DE SURVEILLANCE DES MINES

MANUEL DE L'UTILISATEUR

Par

PC Saad Ur Rehman Faiz

NC Amna Ziauddin

Capt Rashid Mansur

Capt Umar Khalid

Superviseur de projet

Dr. Adil Masood Siddiqqui

Objectif :

Détecter et marquer avec succès les mines métalliques en survolant le champ de mines et fournir une vidéo en temps réel à des fins de surveillance.

Matériel nécessaire :

- 1 x Quad-copter UAV complet
- 1 x Détecteur de métaux
- 1 x Trappe électronique pour déposer les étiquettes de mines.
- 1 x contrôleur radio FMS (6 canaux)

Installation et fonctionnement :

- Allumez le quadricoptère en connectant le connecteur entre le contrôleur de vitesse et la batterie. Chaque contrôleur électronique de vitesse du quadricoptère émet 5 bips lorsque la mise sous tension est réussie.

- Allumez le contrôleur radio FMS en faisant glisser le bouton sur le fond, exactement au centre.

Suivez les étapes suivantes pour déclencher la carte KK sur le quadricoptère.

> Tournez la manette des gaz (la manette de gauche sur le contrôleur) sur le contrôleur radio vers le bas et ensuite vers la gauche. La LED de la carte KK s'allume.

> En procédant de la sorte, vous êtes prêt à faire voler le quadcoptère.

> En déplaçant le stick latéral gauche vers l'avant, vous augmentez les gaz des quatre rotors, ce qui permet au quad de se soulever verticalement.

> En déplaçant la même manette des gaz à gauche et à droite, le quadricoptère se met

en marche.

tourner sur son propre axe ou assurer le mouvement du gouvernail tel qu'il est utilisé dans les avions fixes.

> Déplacer le stick latéral droit du quadcoptère vers l'avant et vers l'arrière permet d'obtenir le mouvement de la gouverne de profondeur ou le tangage. Cela signifie que le quadcoptère se déplace vers l'avant dans la direction du moteur 1 et vers l'arrière dans la direction du moteur 4.

> Le déplacement du côté droit de la main vers la gauche et vers la droite permet le mouvement de roulis, c'est-à-dire le vol vers la gauche et vers la droite du quadcoptère.

Précautions :

- Ne pas voler dans les portes.

- Utiliser des lunettes de protection et une blouse de laboratoire pour effectuer les réglages.

- Ne touchez pas les pales lorsque le quadcoptère est en fonctionnement.

- Ne pliez pas le bouton de mise hors tension de l'émetteur lorsque la carte KK est activée. Mettez toujours la carte KK hors tension en déplaçant le manche gauche de l'émetteur vers le bas, puis vers la droite.

- Ne pas utiliser de piles épuisées.

- Eteignez le quadcoptère en débranchant les fils entre les batteries et le contrôleur de vitesse.

Dépannage :

- Problèmes avec le quadcoptère

> Assurez-vous toujours que tous les fils et les commandes sont bien branchés.

travailler avant de prendre .

> Vérifier régulièrement les moteurs.

- Problèmes avec l'émetteur.

> Veillez à ce que les batteries soient chargées au maximum afin d'éviter de perdre le contrôle de l'appareil en cours de vol.

> Assurez-vous qu'il n'y a pas de fréquences parasites de haute puissance dans la zone de vol.

- Problèmes au niveau des régulateurs de vitesse et des pales

> Assurez-vous que les régulateurs de vitesse ne surchauffent pas. Si c'est le cas, changez le contrôleur de vitesse.

> Retirez les pales des moteurs lorsque vous réglez le gain des gyroscopes et lors des essais. Elles sont très tranchantes et peuvent provoquer des blessures graves.

I want morebooks!

Buy your books fast and straightforward online - at one of world's fastest growing online book stores! Environmentally sound due to Print-on-Demand technologies.

Buy your books online at
www.morebooks.shop

Achetez vos livres en ligne, vite et bien, sur l'une des librairies en ligne les plus performantes au monde!
En protégeant nos ressources et notre environnement grâce à l'impression à la demande.

La librairie en ligne pour acheter plus vite
www.morebooks.shop

info@omniscriptum.com
www.omniscriptum.com

OMNIScriptum

www.ingramcontent.com/pod-product-compliance
Ingram Content Group UK Ltd.
Pitfield, Milton Keynes, MK11 3LW, UK
UKHW041935131224
452403UK00001B/150